Toni Börner

Der Konflikt um Transnistrien

Ein Pseudo-Staat am Rande Europas

GRIN Verlag

Bibliografische Information der Deutschen Nationalbibliothek:

Die Deutsche Bibliothek verzeichnet diese Publikation in der Deutschen National-
bibliografie; detaillierte bibliografische Daten sind im Internet über http://dnb.d-
nb.de/ abrufbar.

Impressum:

Copyright © 2009 GRIN Verlag GmbH
Druck und Bindung: Books on Demand GmbH, Norderstedt Germany
ISBN: 978-3-640-28584-6

Dieses Buch bei GRIN:

http://www.grin.com/de/e-book/122903/der-konflikt-um-transnistrien

Ruprecht-Karls-Universität Heidelberg

Geographisches Institut

Wintersemester 2008/09

Regionales Proseminar: Staaten, die es nicht gibt

Der Konflikt um Transnistrien

–

Ein Pseudo-Staat am Rande Europas

von

Verfasser: Toni Börner

<u>Studienfächer und Semesterzahl im WS 08/09</u>
Geschichte (11. Fachsemester)
Politische Wissenschaft (9. Fachsemester)
Geographie (6. Fachsemester)
Abschlussziel: Staatsexamen

Inhaltsverzeichnis

1　Einleitung

Was macht einen Staat zum Staat? Reicht es, wenn sich die betroffene Bevölkerung eines Gebietes als eigenständig betrachtet und den Wunsch nach Unabhängigkeit äußert? Oder wenn sich eine Regierung einer Provinz, eines Bundesstaates oder einer Region für unabhängig erklärt? Muss dieses Gebilde von seinen Nachbarn oder gar von allen Staaten anerkannt werden? Ist es vielleicht ein Sitz in den Vereinten Nationen, der die reale Unabhängigkeit und Souveränität eines Staates markiert?

Im Juni 2004 hatte die UNO 191 Mitglieder (Woyke S. 534), seit 2006 gehört auch Montenegro zu diesem erlauchten Kreis. Da die meisten Staaten tatsächlich kurz nach der internationalen Anerkennung ihrer Unabhängigkeit einen UN-Sitz bekommen, so zum Beispiel fast alle ehemaligen Sowjetrepubliken, die sich zu Beginn der 1990er Jahre für unabhängig erklärten, könnte man der Versuchung anheim fallen, die Mitgliedschaft in internationalen Organisationen und speziell die in der UNO als Kennzeichen von Staatlichkeit zu betrachten. Wenn aber die UN-Mitgliedschaft ausschlaggebendes Kriterium für Staatlichkeit sein soll, als was kann man dann die Schweiz bezeichnen? Obwohl formal schon seit 1648 unabhängig, trat dieses Land erst im Jahre 2002 der UNO bei. Und wie kann man die Defacto- bzw. Möchtegern-Staaten Berg Karabach, Kosovo, Südossetien oder Transnistrien in dieses Raster einordnen?

Besonders das letztgenannte Beispiel erregt hier unsere Aufmerksamkeit. Obwohl im Zuge des Zerfalls der Sowjetunion eine ganze Reihe von Staaten die Unabhängigkeit erlangte, so auch Moldawien, zu dessen Staatsgebiet Transnistrien offiziell gehört, konnte das seit Ende der 1980er Jahre um seine Unabhängigkeit strebende Land diese nicht erreichen.

Im Folgenden wird der Konflikt um das Gebiet, welches kaum größer als das Saarland ist, näher beleuchtet. Dafür werden zuvorderst einige Kriterien zur Staatlichkeit herausgearbeitet. Anschließend wird das Gebiet in seiner Bevölkerungszusammensetzung, seiner Wirtschaft und seiner aktuellen Situation dargestellt. Darauffolgend wird der Fokus auf den eigentlichen Konflikt gerichtet. Wer sich die entscheidenden Akteure? Wo verlaufen die Konfliktlinien? Wie gestaltet sich der Konflikt? Abschließend werden dann mögliche Konfliktlösungskonzepte für die Region vorgestellt.

Lange spielte der Konflikt am Rande Europas in der Politik wie auch in der Forschung eine eher untergeordnete Rolle. Grundlegend für diese Arbeit waren von daher auch weniger wissenschaftliche Arbeiten wie beispielsweise von Troebst (2005), als vielmehr journalistische Berichte und Abhandlungen von Vereinigungen und Diskussionsforen wie der OSZE, Euros du village, dem Heidelberger Institut für Internationale Konfliktforschung oder der SEF, der Stiftung für Entwicklung und Frieden.

2   Was macht einen Staat zum Staat?

Wie bereits erwähnt, scheint der Beitritt zu den Vereinten Nationen das deutlichste Zeichen zu sein, dass ein Staat unabhängig ist. Aber bevor dieser Schritt gegangen werden kann, müssen einige Kriterien erfüllt sein. In der politikwissenschaftlichen wie auch in der juristischen Forschung spielt die Souveränität eines Landes die zentrale Rolle. Die Souveränität beschreibt dabei den inneren und äußeren Herrschaftsanspruch eines Staates und seiner Gesellschaft. Wichtigstes Element ist hier die Unabhängigkeit, also theoretisch allein dem eigenen Willen unterworfen zu sein (Vgl. Woyke 2004 S. 445).

Ganz so einfach macht es uns das 21. Jahrhundert allerdings nicht. Eine ganze Reihe von Staaten, vor allem in Europa, verzichtet freiwillig auf gewisse Souveränitätsrechte im Rahmen von supranationalen Organisationen wie der Europäischen Union. Um diese Aufgaben aber an andere Institutionen und Organisationen abgeben zu können, muss der betroffene Staat schon vorher unabhängig und als Staat anerkannt gewesen sein. Allerdings gibt es bisher in gewissen Bereichen wie der Außenpolitik Grenzen des freiwilligen Kompetenzverzichts.

Neben formaler Souveränität und Mitgliedschaft in internationalen Organisationen, die die Anerkennung durch andere Staaten voraussetzt, muss es also noch andere Kriterien geben, die einen Staat zum Staat machen. Die klassische Staatsdefinition, wie wir sie bei Schmidt (2004 S. 665) nachlesen können, meint dabei *„eine politisch-rechtliche Ordnung, die eine Personengemeinschaft auf Grundlage eines Staatsvolkes innerhalb eines räumlich abgegrenzten Gebietes (Staatsgebiet) zur Sicherung bestimmter Zwecke (Staatszwecke) auf Dauer bindet und der Staatsgewalt unterwirft."* Diese Definition spielt also auf vier Ebenen: Man braucht ein Staatsvolk, ein Staatsgebiet, Staatszwecke und eine Staatsgewalt.

Darüber hinaus zeichnen sich Staaten in der Regel durch gewisse Zeichen von Staatlichkeit aus, so zum Beispiel einer eigenen Währung (auch hier nehmen einige Staaten der Europäischen Union wieder eine Sonderstellung ein), einer eigenen Nationalhymne, einer Nationalflagge, eigenen Gesetzen, einer eigenen Armee und politischen Institutionen für Innen- und Außenpolitik.

Inwieweit die hier skizzenhaft dargelegten Kriterien auf Transnistrien zutreffen, wird im nächsten Kapitel genauer erläutert.

3 Transnistrien – Ein Staat der keiner ist

In Transnistrien leben etwa 555.000 – 600.000 Menschen auf einer Fläche von etwa 4.000 km^2. Die Region liegt im östlichen Moldawien, hauptsächlich am Ostufer des Dnjestr. De jure gehört Transnistrien zum moldawischen Staatsgebiet, de facto ist es jedoch seit Anfang der 1990er unabhängig und verfügt über quasi-staatliche Strukturen. Dieser Status wird jedoch von keinem Land auf der Erde anerkannt. So gibt es in Transnistrien ein Parlament, den Obersten Sowjet, einen Präsidenten, eigene Ministerien, eine eigene Währung, den transnistrischen Rubel, der jedoch außerhalb des Gebietes nicht verwendungsfähig ist, eigene Briefmarken, die aber nur für innertransnistrische Postsendungen verwendet werden können, eine eigene Hymne, eine eigene Flagge, eigene Pässe, mit denen man jedoch nicht ins Ausland reisen darf, da sie nicht anerkannt werden und eine eigene Armee. Im Osten grenzt das Land an die Ukraine, im Westen eben an Moldawien. Die Bevölkerung Transnistriens setzt sich zu etwa zwei Dritteln aus Russen und Ukrainern und zu etwa einem Drittel aus vorwiegend Moldawiern zusammen (Vgl. GEO 2006 S. 1; Troebst 2005 S. 233; SEF 2005 S. 11).

Moldawien gilt als ärmstes Land Europas, besonders weil sich fast die gesamten Industrieanlagen des Landes östlich des Dnjestr in Transnistrien befinden, da während der Industrialisierung durch Stalin diese vor allem im slawisch dominierten Landesteil vorangetrieben wurde. Politisch mag die Region isoliert sein, wirtschaftlich ist sie jedoch international verflochten und ihre noch aus Sowjetzeiten stammenden Fabriken der Schwerindustrie liefern Waren in die Ukraine, nach Kanada, Russland, in die Türkei, nach Italien und Griechenland. Tatkräftige Unterstützung bekommt die hiesige Wirtschaft von russischen Staatskonzernen wie der Gazprom, die auf die Zahlung ausstehender Rechnungen verzichten (Vgl. GEO 2006 S. 2; Hillgruber 2008 S. 3). Der größte Konzern des Landes heißt Sheriff. Ihm gehören ein Fünf-Sterne-

Hotel, eine Mercedes-Niederlassung, Tankstellen, eine Supermarkt-Kette, ein Radio- und ein Fernsehsender, ein Mobilfunkanbieter, dessen Netz jedoch international nicht kompatibel ist und ein Sportkomplex in Tiraspol, in dem der FC Sheriff Tiraspol spielt, der auch an der Champions-League-Qualifikation teilnimmt, also international spielt. Der Firmenkomplex gehört der Familie des seit 1991 amtierenden Präsidenten der Region, Igor Smirnow. Sheriff steht im Westen in Verdacht, die Erlöse der Schmuggelwirtschaft, vor allem Zigaretten und Alkohol, zu waschen. Der Verdacht wird dadurch erhärtet, dass der Sohn des Präsidenten, der Mitbegründer des Konzerns ist, gleichzeitig als Chef des transnistrischen Zollamtes fungiert (Vgl. GEO 2006 S. 3, Windisch 2005; Hillgruber 2008). Inwieweit Transnistrien aber von Schmuggel, Drogen-, Waffen- und Menschenhandel betroffen ist, darüber gehen die Meinungen auseinander. Es gebe zwar keine direkten Beweise für diese Anschuldigungen, aber einen begründeten Verdacht (Vgl. SEF 2005 S. 11f).

Ein weiterer Aspekt der transnistrischen Gesellschaft ist ihre hochgradige Militarisierung. Den knapp 600.000 Einwohnern steht eine Armee mit 4500 Mann gegenüber. Das Verhältnis beträgt also 1 : 133. Hinzu kommen aber noch etwa 15.000 Reservisten, 2000 Volksmilizionäre und etwa 4000 Kosaken. Rechnet man dies zusammen, so kommt man auf ein Verhältnis von ungefähr 1 : 23. Bedenkt man außerdem, dass Alte, Kinder und die Mehrzahl der Frauen keinen Dienst leisten und darüber hinaus auch noch die 14. Russische Armee mit 2500 Mann in Transnistrien stationiert ist, so ergibt sich das Bild einer hochgradig militarisierten und vom Militär geprägten Gesellschaft. Laut BBC News besteht mehr als die Hälfte der Bevölkerung Transnistriens aus Militärpersonal bzw. deren Angehörigen (Vgl. Entdeckungen 1 2007 S. 4; Entdeckungen 2 2007 S. 2; GEO 2006 S. 3).

Zusammenfassend lässt sich also festhalten, das Transnistrien eigentlich alle Eigenschaften eines Staates besitzt, außer der internationalen Anerkennung. Es ist sogar Mitglied einer internationalen Organisation, die am 14. Juni 2006 begründete Gemeinschaft für Demokratie und Menschenrechte, die einen Zusammenschluss der international nicht anerkannten Gebiete Abchasien, Südossetien und Transnistrien darstellt (Vgl. Deutscher Bundestag 2004 S. 4). Es ist ein typischer Staat, den es nicht gibt.

Wie es dazu kam, dass Transnistrien nach Unabhängigkeit strebt und der Verlauf sowie die entscheidenden Akteure in diesem Konflikt sind Bestandteil des folgenden Kapitels.

4   Ursachen und Verlauf des Konflikts

Die Ursachen dieses Konfliktes lassen sich weit in die Geschichte zurückverfolgen. Im 15. Jahrhundert wurde das Gebiet des heutigen Moldawiens Teil des Osmanischen Reiches. Im Jahre 1812 wurde die Region zwischen Russland und Rumänien, welches zu dieser Zeit zum größten Teil zu Österreich gehörte, geteilt. Rumänien wurde 1859 unabhängig und der Russland zugefallene Teil Bessarabiens entschied sich 1917, nachdem es sich von Russland losgesagt hatte, für einen Anschluss an Rumänien. Während des Zweiten Weltkrieges wurde im Zusammenhang mit dem Molotov-Ribbentrop-Pakt das Gebiet des heutigen Moldawiens von der Sowjetunion annektiert und es entstand die Sozialistische Sowjetrepublik Moldau. Unter Stalins Herrschaft wurde der östlich des Dnjestr gelegene Landesteil industrialisiert und Moskau siedelte dort im Rahmen der politisch forcierten Russifizierung eine große Zahl von Ingenieuren aus seinem Reich an, während der westliche Landesteil agrarisch geprägt blieb. Teil des Russifizierungsplanes war die kulturelle Abgrenzung Moldawiens von Rumänien. Daher wurde das lateinische Alphabet verboten und die Moldawier mussten ihren rumänischen Dialekt in kyrillischer Schrift schreiben (Vgl. Entdeckungen 1 2007 S. 2; GEO 2006 S. 2; OSCE S. 1). Der häufige Wechsel des Landstrichs zwischen den Großmächten und die Ansiedlung von Fachkräften führten zu der heterogenen Bevölkerungszusammensetzung Moldawiens und zeichneten schon früh die Bruchlinie vor, an der das Land am Ende des 20. Jahrhunderts zerbrechen sollte.
Als Ende der 1980er Jahre der Zerfall der Sowjetunion begann, entstand in Moldawien eine Art nationale Bewegung, die die Nähe zu Rumänien suchte. Moldawisch, ein Dialekt des Rumänischen, sollte zur einzigen offiziellen Landessprache, das lateinische Alphabet wieder als verbindlich eingeführt werden und es wurde offen über eine Vereinigung Moldawiens mit Rumänien nachgedacht. Außerdem begannen im Land Reformen, die auf eine marktwirtschaftliche Orientierung hinauslaufen sollten. Aber vor allem in den Städten Transnistriens, in denen der Anteil der russophilen Bevölkerung mehr als die Hälfte betrug, entwickelte sich eine Protestbewegung gegen diese Entwicklungen. Nachdem Moldawien im August 1990 seine Unabhängigkeit erklärte, riefen Separatisten in Transnistrien im September die Sozialistische Moldawische Sowjetrepublik Transnistrien aus. In einem Referendum im Dezember 1991 sprachen sich die Transnistrier für die Unabhängigkeit des Territoriums aus (Vgl. Entdeckungen 1 2007 S. 2f; OSCE S. 1).

Allerdings ist die Ablehnung der russischsprachigen Bevölkerung gegen die Annäherung Moldawiens an Rumänien nur ein Teil der Erklärung. Machtpolitische Überlegungen der transnistrischen Elite spielen dabei eine mindestens ebenso große, wenn nicht sogar eine stärkere Rolle.

Durch den Zerfall der Sowjetunion drohte auch der ansässigen Nomenklatura in Transnistrien, welche fast ausschließlich aus anderen Teilen des Riesenreiches kam, ein Machtverlust. So waren es dann vor allem die Direktoren der großen Schwerindustriekombinate, die für eine transnistrische Unabhängigkeit eintraten und so ihre Besitzstände wahren wollten. Die Fabrikdirektoren besetzten *„nun nicht mehr nur die Chefsessel ihrer Unternehmen, sondern auch die Reihen des Parlaments in Tiraspol"* (Zit. GEO 2006 S. 2; vgl. dazu auch Troebst 2005 S. 234; Windisch 2005).

Die Abspaltung der Region löste einen bewaffneten Konflikt zwischen der moldauischen Zentralregierung und den Separatisten entlang des Grenzflusses Dnjestr aus. Dieser erreichte im Juni 1992 seinen Höhepunkt während der Kämpfe um die westlich des Dnjestr gelegene Stadt Bendery. Durch die Unterstützung der in Transnistrien stationierten 14. Armee Russlands, kommandiert vom sibirischen General Alexander Lebed, konnten die Separatisten den Sieg davon tragen. In den Kämpfen kamen mehrere hundert Menschen ums Leben und einige Hunderttausend flüchteten. Seit 1992 ist der Konflikt eingefroren, nachdem ein Waffenstillstand geschlossen und eine Sicherheitszone entlang des Dnjestr geschaffen wurde (Vgl. Entdeckungen 1 2007 S. 3; GEO 2006 S. 1; OSCE S. 2).

Im September 2006 wurde in Transnistrien ein Referendum abgehalten, bei dem die Bevölkerung sich für die Unabhängigkeit und den zukünftigen Anschluss an Russland oder aber für den Verzicht der Unabhängigkeit und der Wiedereingliederung ins moldauische Staatsgebiet entscheiden konnte. Offiziellen Angaben zufolge stimmten 97 % für die Unabhängigkeit und etwa 95 % gegen die Wiedervereinigung mit Moldawien bei einer Wahlbeteiligung von 78 %. Inwiefern diese Zahlen stimmen, lässt sich nur schwer nachvollziehen, da die internationale Gemeinschaft die Wahlen von vornherein als illegitim betrachtete und von daher auch keine Wahlbeobachter aussendete (Vgl. Wolkowa 2006).

Das Konfliktbarometer, herausgegeben vom Heidelberger Institut für Internationale Konfliktforschung, bewertet die Intensität des Konfliktes seit 1995. Seitdem wurde dieser Konflikt als gewaltlos eingestuft. Bis 2003 als latent (Stufe 1), seitdem als manifest (Stufe 2) (Vgl. Konfliktbarometer 1995 – 2008). Dass es seit den schweren

Kämpfen vom Jahre 1992 nicht mehr zur bewaffneten Austragung des Konfliktes kam, obwohl beide Seiten aufgrund von sowjetischen Hinterlassenschaften hoch gerüstet sind, liegt wohl vordergründig an der immer noch anwesenden 14. Armee Russlands und der seit 1993 laufenden OSZE-Mission in Moldawien. In der Folgezeit entwickelten sich in Transnistrien quasi-staatliche Strukturen, wie sie weiter oben bereits beschrieben wurden.

Insgesamt lassen sich also vier hauptsächliche Gründe für den Konflikt ausmachen: die Sprachproblematik, die Frage nach der Vereinigung Moldawiens mit Rumänien, das Problem der 14. Armee Russlands und den Status der Region Transnistrien (Vgl. OSCE S. 3).

Betrachtet man die Ursachen und den Verlauf des Konfliktes, so treten neben den beiden Konfliktparteien Moldawien und Transnistrien weitere Akteure in den Vordergrund. Dies sind hauptsächlich Russland und die OSZE. Aber auch die Europäische Union hat spätestens seit dem Beitritt Rumäniens 2007 ein vitales Interesse daran, den Konflikt an seiner Außengrenze zu lösen. Im Folgenden werden die einzelnen Akteure mit ihren Zielen und Lösungsbestrebungen vorgestellt.

5 Die Konfliktparteien

Welche Motivationen die Konfliktparteien haben, diesen Konflikt zu lösen oder ihn unter Umständen am Leben zu halten und wie sie in diesem Konflikt involviert sind, steht nun im Zentrum der Betrachtung. Dabei werden die beiden Konfliktparteien Moldawien und Transnistrien, Russland, die OSZE sowie die Europäische Union näher beleuchtet.

5.1 Moldawien und Transnistrien

Das Ziel der transnistrischen Regierung ist die Eigenständigkeit des Gebietes und eine internationale Anerkennung als souveräner Staat. Für die moldauische Regierung, die auf ihre territoriale Integrität pocht, ist dies jedoch nicht hinnehmbar. Vielmehr kann sich Moldawien eine föderale Union mit weitgehender Autonomie Transnistriens vorstellen (Vgl. OSCE S. 5). Aber eine komplette Loslösung des Gebietes östlich des Dnjestr würde für Moldawien bedeuten, dass der Verlust des industrialisierten Teils des Landes zementiert würde. Das agrarisch geprägte Land ist aber auf diese Industrieanlagen angewiesen, möchte es einen Weg aus seiner Armut finden.

Ein weiterer nicht zu unterschätzender Bruch zwischen beiden Landesteilen ist die Frage, ob sich Moldawien eher dem russischen Raum (Transnistrien) oder dem Westen, der EU und der NATO (Moldawien), annähern soll (Vgl. Entdeckungen 2 2007 S. 3).

Eine Beilegung des Konflikts, der nun schon seit fast 20 Jahren dauert, zumal eine friedliche, wird wohl nur unter Mithilfe der internationalen Staatengemeinschaft möglich sein. Besonders Russland, die EU und die OSZE spielen hierbei eine bedeutende Rolle.

5.2 Russland

Es scheint so, als habe Russland kein großes Interesse, diesen Konflikt schnell zu lösen und so unter Umständen eine seiner westlichsten Einflusszonen zu verlieren. Die Stationierung seiner Soldaten erlaubt es dem Kreml, seinen Einfluss in dieser Region zu erhalten und weiter auszubauen. Darüber hinaus kann sich Moskau als unentbehrlicher Dialogpartner und Konfliktlöser in der Region behaupten. Allerdings weigert sich Russland auch, Transnistrien als eigenständigen Staat zu akzeptieren. (Vgl. Entdeckungen 1 2007 S. 4). Die Gründe dafür sind mannigfaltig. Zum Einen könnte eine Anerkennung Transnistriens falsche Signale an andere nach Unabhängigkeit strebende Regionen, von denen es auch in Russland selbst mehr als genug gibt, aussenden. Eine Infragestellung der nach dem Zerfall der Sowjetunion festgelegten Grenzen könnte weit reichende Folgen in allen GUS-Staaten nach sich ziehen (Vgl. Entdeckungen 2 2007 S. 4). Zum Anderen würde durch die Eigenständigkeit der Region eine weitere Stationierung russischer Truppen in Transnistrien überflüssig und Russland würde somit Einfluss auf die Region einbüßen. Durch die weitere Stationierung der Soldaten kann der Kreml zeigen, dass einzig er in der Lage ist, für Stabilität und Frieden in der Region zu sorgen und somit eine Schlüsselrolle in der osteuropäischen Politik einnehmen (Vgl. Entdeckungen 2 2007 S. 2f). Ein von Russland unterbreiteter Vorschlag, Kosak-Plan genannt, sieht eine weitgehende Autonomie Transnistriens vor mit einem Abspaltungsrecht, sollte sich Moldawien für eine Vereinigung mit Rumänien entscheiden. Die Einhaltung dieses Planes würde durch russische Truppen, die für weitere 20 Jahre in der Region stationiert blieben, überwacht. Auf Wunsch der EU, die einen darauf folgenden möglichen Anschluss Transnistriens an Russland ablehnt, weigerte sich der moldauische Präsident Voronin nach anfänglicher Sympathie für den Plan, diesen zu unterzeichnen (Vgl. Piehl 2005 S. 3; Konicz 2008).

Russland ist also an der Aufrechterhaltung des derzeitigen Status quo gelegen, aber eine Lösung des Konflikts an Russland vorbei scheint auch nicht möglich zu sein.

5.3 Die Europäische Union

Durch den Beitritt Rumäniens im Jahr 2007 zur Gemeinschaft ist der Transnistrien-Konflikt wieder verstärkt in den Blickpunkt europäischer Politik geraten. Davor hat die Europäische Union eine eher passive Rolle in diesem Konflikt gespielt, zum Einen um die Mission der OSZE zu überlassen, zum Anderen sicherlich auch, um Russland nicht zu verärgern und den eigenen Fokus auf die neuen Beitrittsländer und auf den Balkan richten zu können. Besonders während der heftigen Kämpfe im Jahre 1992 war der Blick der Europäischen Union stark auf die Geschehnisse im zerfallenden Jugoslawien gerichtet. Seit 2005 gibt es jedoch einen Aktionsplan, der die schrittweise Annäherung Moldawiens an die EU vorsieht und in dem die Lösung des Transnistrien-Konfliktes als ein vorrangiges Ziel betrachtet wird. Zwar geht die EU auch weiterhin sparsam mit Mitteln und Initiativen in der Region vor, allerdings ist die politische Bedeutung dieses vorsichtigen Engagement auch nicht zu unterschätzen (Vgl. Piehl 2005 S. 3; OSCE S. 2).

Eine Lösung des Konfliktes erscheint nur dann erreichbar, wenn EU und Russland sich ernsthaft darum bemühen, eine für alle Seiten akzeptable Lösung zu finden. Die Interessen der beiden Konfliktparteien müssen dabei ebenso berücksichtigt werden wie die Interessen der EU, Russlands und der Nachbarn Rumänien und Ukraine. Besonders die Eindämmung der organisierten Kriminalität, des Menschenhandels und des Schmuggels dürfte für die Nachbarn wie auch für die EU essentiell sein.

5.4 Die OSZE

Die Mission der OSZE in Transnistrien begann 1993, also kurz nach dem Abflauen der heftigen Kämpfe. Die OSZE, eine permanente Staatenkonferenz, an der alle Staaten Europas, der ehemaligen UdSSR sowie die USA und Kanada teilnehmen, versucht in diesem Konflikt eine Vermittlerrolle einzunehmen und eine friedliche Lösung herbeizuführen. Die Ziele dieser Mission sind eine politische Lösung des Konflikts, die Wahrung der Souveränität Moldawiens sowie einen speziellen, für beide Seiten akzeptablen Status für die transnistrische Region herzustellen. Um diese Ziele zu erreichen, sollen Gespräche und Verhandlungen zwischen den Konfliktparteien hergestellt, Informationen über Infrastruktur und militärische Situation gesammelt, Hilfestellungen, Ratschläge und Expertisen gegeben und die Präsenz der OSZE in der Region weithin sichtbar gemacht werden. Außerdem soll die Entwaffnung der Milizen und der Abzug der im Land verbliebenen russischen Soldaten überwacht werden (Siehe Homepage der OSZE-Mission Moldau).

5.5   Konfliktlösungspotentiale

Der Konflikt um Transnistrien dauert nun schon seit gut zwei Jahrzehnten an. Bis jetzt konnte noch keine für alle Seiten befriedigende Lösung gefunden werden. Wenn der Streit aber ernsthaft beendet werden soll, so ist zumindest eines sicher: alle beteiligten Akteure müssen zusammenarbeiten und gewillt sein, diesen Konflikt zu lösen. Besonders auf transnistrischer Seite und von Seiten Russlands ist aber der unbedingte Wille zur Beilegung des Konfliktes nicht immer zu erkennen. Für die Region Transnistrien scheint die Aufrechterhaltung des Status quo interessanter zu sein als eine irgendwie geartete Autonomie innerhalb der moldauischen Grenzen. Auch Russland scheint nicht wirklich daran gelegen zu sein, seine dominante Rolle in der Region aufzugeben. Dabei könnte Moskau gerade in diesem Konflikt beweisen, dass es internationalen Verpflichtungen gewachsenen ist und eine positive Rolle bei den Vermittlungen spielen.

Aber auch die Europäische Union müsste die Lösung der Transnistrien-Frage viel entschiedener angehen, als sie es bisher tut. Eine enge Kooperation zwischen Russland und der EU ist unverzichtbar. Allerdings scheint es so, als haben *„weder Russland noch die EU ... eine klare Strategie im Hinblick auf die Moldau"* (Zit. SEF 2005 S. 10). Immerhin habe sich, so Piehl, die Aufmerksamkeit und das Problembewusstsein seitens der EU in Hinblick auf Moldawien erhöht. Besonders eine mittelfristige Beitrittsperspektive für Moldawien könnte ein Schritt in die richtige Richtung sein (Vgl. SEF 2005 S. 11). Dies müsste aber in enger Kooperation mit Russland geschehen, da ohne Moskau in der Region kaum etwas zu gewinnen ist und die Fronten sich sonst weiter verhärten könnten.

Ein Erfolg, der auf mehr hoffen lässt, ist, dass seit den heftigen Kämpfen vom Sommer 1992 die Waffen schweigen und mehr oder minder intensiv verhandelt wird. Ob die Verhandlungen jedoch positive Resultate erzielen können, hängt ganz entschieden vom Willen der beteiligten Akteure ab.

6 Zusammenfassung

Transnistrien, ein Staat, der keiner ist. Eigentlich erfüllt dieses Gebilde nahezu alle Kriterien, die für einen Staat gelten. Das wohl entscheidendste konnte aber bisher nicht erreicht werden, die internationale Anerkennung als Staat. Neben den Partikularinteressen der beteiligten Akteure ist hier besonders auf die Symbolwirkung einer solchen Entscheidung zu verweisen. In vielen anderen Regionen der Erde, besonders aber auf dem Gebiet der ehemaligen Sowjetunion, gibt es eine ganze Reihe von Regionen, die ebenfalls nach Unabhängigkeit streben. Vorschnelle Handlungen könnten hier zu einer Destabilisierung führen. Einen Konfliktverlauf wie auf dem Kaukasus, als zwischen Russland und Georgien ein Krieg um die Provinzen Südossetien und Abchasien ausbrach, muss in jedem Fall vermieden werden. Allerdings stehen dabei im Falle Moldawien die Chancen für eine friedliche Lösung des Problems weitaus besser. Zum Einen ist dieser Konflikt seit 1992 ein weitgehend gewaltloser, zum Anderen ist die Präsenz der internationalen Staatengemeinschaft hier ein stabilisierender Faktor. Zwar konnte bisher in den Verhandlungen noch keine Lösung erzielt werden, aber wenn sich die beteiligten Akteure wirklich um die Beilegung bemühen, stehen die Chancen nicht schlecht, dass auch dieses Produkt des Zerfalls der SU ein gutes Ende findet, da sich in diesem Konflikt nicht zwei verfeindete Ethnien oder Religionsgemeinschaften gegenüber stehen, sondern der Streit vor allem machtpolitische Hintergründe hat. Eine auf Ausgleich gedachte Lösung könnte hier der goldene Weg aus der Krise sein.

7   Literaturverzeichnis

Böhm, Andrea (2006): Transnistrien: Besuch in einem Möchtegern-Staat, in: GEO 09/06,
URL:
> http://www.geo.de/GEO/kultur/gesellschaft/51392.html

Deutscher Bundestag, Drucksache 16/2289 vom 20.07.2006: Antwort der Bundesregierung
> auf die kleine Anfrage: Zur Situation in Transnistrien, URL:
> http://dip21.bundestag.de/dip21/btd/16/022/1602289.pdf

Hillgruber, Katrin (2008): Die Patrioten von Transnistrien. Momentaufnahmen aus einem
> Staat, den es nicht gibt, auf Welt Online, URL:
> http://www.welt.de/welt_print/article2102593/Die_Patrioten_von_Transnistrien.html

Konfliktbarometer 1995 – 2008, hg. v. Heidelberger Institut für Internationale
> Konfliktforschung, URL: http://www.hiik.de/

Konicz, Thomasz (2008): Entspannung am Dnjestr. Russland bemüht sich um Lösung des
> eingefrorenen Konflikts in Moldawien, in: Junge Welt vom 09. September 2008, URL:
> http://www.uni-kassel.de/fb5/frieden/regionen/Moldawien/entspannung.html

OSCE: Transdniestrian Conflict. Origins and main issues, URL:
> http://www.osce.org/documents/mm/1994/06/455_en.pdf

OSZE-Homepage der Mission in Moldau, URL:
> http://www.osce.org/moldova/

Piehl, Ernst (2005): Das Pulverfass Transnistrien im verarmten Moldau. Alte und neue
> Akteure sowie potentielle Allianzen auf dem Weg zur gesamteuropäischen
> Konfliktlösung. Potsdamer SEF-Frühjahrsgespräch 2005,
> URL:

http://www.sefbonn.org/download/veranstaltungen/2005/2005_pfg_paper_piehl_de.pdf

Schmidt, Manfred G. (2004): Wörterbuch zur Politik, 2. Auflage, Stuttgart.

Schneider, Marina / Collet, Mathieu: Entdeckungen: Transnistrien, das Phantom in Europa 1
> – 3, hg. v. Euros du Village, URL:
> http://www.eurosduvillage.eu/ENTDECKUNGEN-Transnistrien-das

SEF (2005): Nahes Ausland vs. Neue Nachbarn. Integrationswettstreit zwischen Russland
und der EU?, in: SEF-News Nr. 22, URL:
> http://www.weltpolitik.net/attachment/0644a930ba1074b5cca2acd4809cbed5/08f911c
> d218129c6926d2b51c88993d2/news22_dt.pdf

Trobest, Stefan (2005): Quasi-Staat im weltweiten Netz. Die Selbstdarstellung der Dnjestr-
Republik im Internet, in: Neue Staaten – Neue Bilder? Visuelle Kultur im Dienst
staatlicher Selbstdarstellung in Zentral- und Osteuropa seit 1918, hg. v. Arnold
Bartetzky, Marina Dmitrieva und Stefan Troebst, Köln – Weimar – Wien.

Windisch, Elke (2005): Ein Klon der Sowjetunion, URL:
http://www.tagesspiegel.de/zeitung/Die-Dritte-Seite;art705,2263063

Wolkowa, Irina (2006): Dnjestr-Republik zieht es zu Russland. OSZE und EU erkennen
Referendum nicht an, in: Neue Welt, 19.09.2006, URL:
http://www.uni-kassel.de/fb5/frieden/regionen/Moldawien/dnjestr3.html

Woyke, Wichard (2004): Handwörterbuch Internationale Politik, 9. Auflage, Bonn.